EXAMPRESS®

システム監査技術者
平成27年度
午後 過去問題集

落合 和雄 著

本書内容に関するお問い合わせについて

このたびは翔泳社の書籍をお買い上げいただき、誠にありがとうございます。弊社では、読者の皆様からのお問い合わせに適切に対応させていただくため、以下のガイドラインへのご協力をお願い致しております。下記項目をお読みいただき、手順に従ってお問い合わせください。

●ご質問される前に

弊社Webサイトの「正誤表」をご参照ください。これまでに判明した正誤や追加情報を掲載しています。

正誤表　http://www.shoeisha.co.jp/book/errata/

●ご質問方法

弊社Webサイトの「刊行物Q&A」をご利用ください。

刊行物Q&A　http://www.shoeisha.co.jp/book/qa/

インターネットをご利用でない場合は、FAXまたは郵便にて、下記"翔泳社 愛読者サービスセンター"までお問い合わせください。
電話でのご質問は、お受けしておりません。

●回答について

回答は、ご質問いただいた手段によってご返事申し上げます。ご質問の内容によっては、回答に数日ないしはそれ以上の期間を要する場合があります。

●ご質問に際してのご注意

本書の対象を越えるもの、記述個所を特定されないもの、また読者固有の環境に起因するご質問等にはお答えできませんので、予めご了承ください。

●郵便物送付先およびFAX番号

送付先住所　〒160-0006　東京都新宿区舟町5
FAX番号　03-5362-3818
宛先　（株）翔泳社 愛読者サービスセンター

平成27年度

システム監査技術者

午後Ⅰ問1

問　デスクトップ仮想化の企画段階における監査に関する次の記述を読んで，設問1～4に答えよ。

C社は，社員数約1,000名の中規模事務機器メーカであり，東京本社に約500名，大阪支社に約300名，及び大阪近郊の工場に約200名の社員が勤務している。

C社は，経営課題であるTCO削減の一環として，昨年末までの3年間で，工場の制御系システム以外の全ての社内情報システムを，Webベースのシステムに移行している。社員は，社外からリモート接続してこれらを使用することもできる。

社内情報システムは，災害発生時などに備えたバックアップサーバを含め，100台のサーバ上で稼働している。100台のサーバのうち，55台が東京本社内，45台が大阪支社内の各サーバルームに設置されている。

〔デスクトップ仮想化についての検討経緯〕

C社は，現在，社員が使用しているノート型クライアントPC（以下，PCという）の更新を控えており，今後数年にわたり，導入時期に応じて順次更新時期を迎える。C社の情報システム部長は，OSのバージョンの相違による運用の複雑化を避ける目的で，今回，約1,000台のPCを一斉に更新したいと考えていた。一方で，TCO削減のために，PC購入コストを極力抑える必要性も認識していた。また，この機会に，情報漏えいの防止，PC運用管理の効率向上，災害時における業務継続の実効性強化を図りたいとも考えていた。

C社の情報システム部は，これらの課題に対処するために，デスクトップ仮想化の検討を行った。その結果，VDI（Virtual Desktop infrastructure）が最適であると判断した。VDIでは，PCごとに独立した仮想マシンを物理サーバ上で稼働させ，PCから仮想マシンに操作情報を送り，処理結果として画面情報を受け取る。個々のPCに高い処理能力が要求されないので，PC購入コストを抑えることができ，仮想マシンの一元管理によって，PC運用管理の効率向上が図れる。また，PC内にデータを保持しないので，PCの紛失，盗難などによる情報漏えいの防止が図れ，さらに，アプリケーションプログラムが仮想マシン上で稼働するので，災害時における業務継続の実効性強化が図れる。

VDI導入に向けた検討プロジェクト（以下，プロジェクトという）の発足が経営会議で承認されたことを受けて，情報システム部員によるプロジェクトチームが組織され，検討が開始された。プロジェクトチームは，週次でプロジェクト会議を開催し，検討内容及び決定事項を議事録にまとめて，関係者に回付している。

〔VDI導入に関する検討〕

プロジェクトチームは，PC 台数に基づいて，VDI を構成するサーバ，ネットワークなどのシステム資源の検討を行った。その結果，“VDI 導入のための初期コスト（VDI サーバ，関連機器の購入コストなど）は掛かるが，PC の購入コストを低減することができ，更に PC 運用管理の効率向上などによって運用コストを大幅に削減できることから，導入後 3 年で投資コストを回収でき，TCO 削減が見込める”という結論に至った。

プロジェクトチームは，検討結果を“VDI 導入検討報告書”（以下，検討報告書という）にまとめた。表 1 は，VDI 導入によって対処すべき課題に対して，プロジェクトチームが定めた検討項目であり，検討報告書に含まれている。

表1　VDI導入によって対処すべき課題及び検討項目（抜粋）

項番	課題	検討項目
1	TCO 削減	(1) VDI 導入の初期コストは想定範囲内であるか。 (2) 運用コストを大幅に削減できるか。
2	情報漏えい防止対策の強化	(1) ウイルス対策ソフトは現状と同様に問題なく稼働するか。 (2) 現行の情報漏えい防止対策の更なる強化が図れるか。
3	システム運用・監視の効率向上	(1) PC 運用管理の大幅な効率向上が図れるか。 (2) システム運用・監視体制に大きな影響を及ぼさないか。
4	災害時における業務継続の実効性強化	(1) 災害発生時などに平常時と同等の業務遂行が可能か。 (2) 災害発生時などに定められた時間内で復旧が可能か。

〔監査の実施〕

C 社の社長は，プロジェクトチームの検討内容が妥当かどうかを，独立した立場から検証する必要があると考えて，監査室長に監査の実施を命じた。

監査室は，検討報告書，プロジェクト会議の議事録などを入手し，それらを閲覧するとともに，関係者にインタビューを行った。その結果，次のことが判明した。

(1) 表 1 項番 1 検討項目（1）について：プロジェクトチームは，最近，社内で通知された，東京本社のデザイン部門の事業強化に伴う人員増強に関して，VDI 導入の初期コストへの影響を調査した。プロジェクトチームのメンバの結論は，PC 台数の増加を考慮する必要があるが，それ以外に大きな影響を及ぼす要因はないということであった。
(2) 表1項番2検討項目（1）について：現在，PC起動直後，及び10時，12時などの偶数の正時にウイルス対策ソフトのパターンファイルを更新する運用を行っている。また，PCのアイドル時（スクリーンセーバ実行時，PCロック時など）には，自動的にウイルススキャンが行われている。これまで，個々のPCのパフォーマンスに影響を及ぼす問題は発生していないので，VDI導入後のウイルス対策ソフトによるパフォーマンスへの影響は，特に懸念していない。
(3) 表1項番3検討項目（2）について：現在，サーバ，ネットワークなどのシステム資源の障害に関しては，システム管理者が，障害発生時に自動送信されるアラートメールを受けてから対応している。現行の仕組みでは，利用者からの苦情などの問題は発生していないので，VDI導入によるシステム運用・監視体制の変更は必要ないと考えている。
(4) 表1項番4検討項目（1）について：東京本社又は大阪支社が被災した場合，どちらかの使用可能な社屋に設置されている社内情報システムのバックアップサーバを使用し，業務を継続させることになっている。毎年，現行の業務継続計画に基づく実地訓練が行われており，訓練では特に問題は発生していない。VDI導入によって生じる変更については，現行の計画を部分的に改訂して対応する。

〔監査における指摘事項〕

監査における指摘事項は，次のとおりである。
(1)〔監査の実施〕の（1）について：デザイン部門の事業強化によって，グラフィックス処理及びデータ伝送量も増加し，VDIを構成するシステム資源に影響を与える。この点を考慮すると，プロジェクトチームが行った，PC台数に基づく検討だけでは不十分である。
(2)〔監査の実施〕の（2）について：現在，個々のPCで行われている大部分の処理が，VDI導入後はVDIサーバ上の仮想マシンで実行される。導入予定のVDIサーバの性能を考慮すると，現行のウイルス対策ソフトの運用方法を継続した場合，利用者が社内情報システムを平常どおり使用できない状況が発生する可能性が高い。
(3)〔監査の実施〕の（3）について：VDIでは，個々のPCに高い処理能力が要求されない代わりに，VDIサーバでのCPU処理，GPU処理，記憶装置に対するI/O及びネットワークの負荷が高まる。これらの高負荷が掛かるシステム資源において，パフォーマンスの悪化又は障害が発生した場合の業務への影響を考慮すると，その対策が更に重要になる。
(4)〔監査の実施〕の（4）について：導入予定のVDIサーバ1台で稼働可能な仮想マ

シンは，約120台である。また，VDIサーバの台数は，バックアップサーバを含め，東京本社と大阪支社の各サーバルームにそれぞれ7台である。これらの台数は，現在のPC台数に加え，デザイン部門の事業強化に伴う人員増強，将来のPC台数の増加などを考慮したものである。しかし，災害発生時などには，全PCに対応する仮想マシンを稼働させることができないので，平常時と同等の業務遂行ができない。

設問1　〔監査における指摘事項〕の（1）について，システム監査人は，PC台数に基づく検討の他にどのような検討が必要であると考えたか，30字以内で述べよ。

設問2　〔監査における指摘事項〕の（2）について，システム監査人が，社内情報システムの利用者への影響を懸念した理由を，その原因を含めて45字以内で述べよ。

設問3　〔監査における指摘事項〕の（3）について，システム資源に関するリスクを軽減するために，システム監査人が重要と考えた対策を，40字以内で述べよ。

設問4　〔監査における指摘事項〕の（4）について，システム監査人は，指摘事項に関して，想定される複数の観点から改善提案を検討する必要がある。この点を踏まえて次の（1），（2）に答えよ。

（1）業務継続の実効性強化の観点から検討すべき改善提案を，50字以内で述べよ。

（2）TCO削減の観点から検討すべき改善提案を，50字以内で述べよ。

解答例・解説

●解答例（試験センター公表の解答例より）

設問1　VDIサーバ、ネットワークに掛かる負荷に基づく検討。

設問2　ウィルス対策ソフトによるVDIサーバの負荷増加が、パフォーマンスに影響を与えるから

設問3　パフォーマンス悪化又は障害の兆候を早期に検知して通知する機能を追加する。

設問4　(1) 業務継続に必要なVDIサーバの仕様と数を見積もり、平常時と同等の業務遂行ができるようにする。

(2) 継続が必要な業務を識別してVDIサーバの仕様と数を再検討し、VDI導入コストの最適化を図る。

●問題文の読み方

1	2	3	4
概要 デスクトップの仮想化についての検討経緯	VDI導入に関する検討 監査の実施	監査における指摘事項	設問

(1) 全体構成の把握

最初に概要があり，現行システムの概要について述べられている。その後に，デスクトップ仮想化の検討結果及びそれに基づきVDIの導入が決定されたことが記述されている。その後で，VDI導入に伴う課題及び検討項目が述べられている。監査の実施では，プロジェクトチームによるVDI導入の検討結果が妥当かどうかを確認するためにどのような監査が実施されたかが書かれており，その後の監査における指摘事項で，その監査のおける指摘事項が述べられている。

(2) 問題点の整理

すべての設問が［監査における指摘事項］の（1）～（4）の指摘事項と［監査の実施］の（1）～（4）が対応している。また，［監査の実施］の（1）～（4）は表1の項番1～項番4が対応している。これらの関連を明確にした上で，解答することが重要である。この対応関係を表にすると以下のようになる。

設問番号	監査における指摘事項	監査の実施	表1の検討項目
1	(1)	(1)	項番1検討項目（1）
2	(2)	(2)	項番2検討項目（1）
3	(3)	(3)	項番3検討項目（2）
4	(4)	(4)	項番4検討項目（1）

(3) 設問のパターン

設問番号	設問のパターン	設問の型		
		パターンA	パターンB	パターンC
設問1	コントロールの指摘		◎	
設問2	リスクの指摘		◎	
設問3	コントロールの指摘	◎		
設問4	改善事項の提示		◎	

●設問別解説

設問1

コントロールの指摘

前提知識

システム開発に関するコントロールの基本知識

解説

PC台数に基づくVDI導入コストに関してどのような検討が必要かを答える設問である。［監査における指摘事項］（1）には，「デザイン部門の事業強化によって，グラフイックス処理及びデータ伝送量も増加し，VDIを構成するシステム資源に影響を与える。」という記述があり，デザイン部門の事業強化の影響も考慮しなくてはいけないことが分かる。このシステム資源に関する記述を問題文から探すと，［VDI導入に関する検討］に，「プロジェクトチームは，PC台数に基づいて，VDIを構成するサーバ，ネットワークなどのシステム資源の検討を行った。」という記述があり，VDIを構成するサーバ，ネットワークについても検討しないといけないことが分かる。したがって，解答としてはVDIサーバ，ネットワークに掛かる負荷に基づく検討を挙げればよい。

自己採点の基準

システム資源やパフォーマンスへの影響などの具体性を欠く解答は不正解であ

る。グラフィック処理の増加やVDIサーバ，ネットワークの負荷などの具体的な記述があれば正解と考えてよいであろう。

設問2

リスクの指摘

前提知識

システム運用の基本知識

解説

　システム監査人が，社内情報システムの利用者への影響を懸念した理由を答える設問である。〔監査における指摘事項〕(2) には，「導入予定のVDIサーバの性能を考慮すると，現行のウィルス対策ソフトの運用方法を継続した場合，利用者が社内情報システムを平常どおり使用できない状況が発生する可能性が高い。」という記述があり，現行のウィルス対策ソフトの運用方法を継続した場合に問題が発生することがわかる。これと関連する記述を探すと，〔監査の実施〕(2) には，「現在，PC起動直後，及び10時，12時などの偶数の正時にウィルス対策ソフトのパターンファイルを更新する運用を行っている。」という記述があり，すべてのPCのウィルス対策ソフトが決まった時間にパターンファイルの更新の処理を行うことがわかる。これは，各社員が別々のPCを使用していた時には問題にならなかったが，VDIサーバの場合には，この負荷が同時にVDIサーバに掛かってくるので，性能上の問題を引き起こす可能性がある。したがって，解答としては「ウィルス対策ソフトによるVDIサーバの負荷増加が，パフォーマンスに影響を与えるから」という点を指摘すればよい。

自己採点の基準

　ウィルス対策ソフトによるVDIサーバの負荷増加が，パフォーマンスに影響を与える点が指摘してあれば正解と考えてよいであろう。

設問3

コントロールの指摘

前提知識

システム開発に関するコントロールの基本知識

解説

　システム資源に関するリスクを軽減するために，システム監査人が重要と考えた対策を答える設問である。［監査における指摘事項］（3）には，「これらの高負荷が掛かるシステム資源において，パフォーマンスの悪化又は障害が発生した場合の業務への影響を考慮すると，その対策が更に重要になる。」という記述があるので，パフォーマンスの悪化又は障害が発生した場合の対策を考えればよいことがわかる。［監査の実施］（3）には，「現行の仕組みでは，利用者からの苦情などの問題は発生していないので，VDI導入によるシステム運用・監視体制の変更は必要ないと考えている。」と書かれているが，実際にはこの運用・監視体制の変更が必要となる。しかし，問題文には，これ以上のヒントはないので，あとは一般論で答えることになる。一般にパフォーマンスの悪化又は障害が発生した場合の業務への影響を少なくするためには，これらの兆候を早期に検知して，負荷分散を測るなどの対応がとられることになるので，これを解答として記述していけばよい。

自己採点の基準

パフォーマンスの悪化又は障害の兆候を検知して適切な対応をとることが書かれていれば，正解と考えてよいであろう。

設問4

改善事項の提示

前提知識

障害対策に関するコントロールの基本知識

解説

(1)業務継続の実効性強化の観点から検討すべき改善提案を述べる設問である。［監査における指摘事項］（4）には，「導入予定のVDIサーバ1台で稼働可能な仮想マシンは，約120台である。また，VDIサーバの台数は，バックアップサーバを含め，東京本社と大阪支社の各サーバルームにそれぞれ7台である。」という記述があり，東京本社あるいは大阪支社が被災した場合の稼働可能な仮想マシンの数は840台で，1000人の社員全員の処理を行うことができないことがわかる。したがって，「業務継続に必要なVDIサーバの仕様と数を見積もり，平常時と同等の業務遂行ができるようにする」ことを提案すべきである。

(2) TCO削減の観点から検討すべき改善提案述べる設問である。TCO削減の観点から考えると，被災時にも定常時と同じ処理ができるように機器を配置しておくことは，必ずしも有効な方法でなはいと考えられる。被災時にもどうしても稼働が必要なPCを限定して，その分の資源を用意することを検討すべきである。したがって，解答としては「継続が必要な業務を識別してVDIサーバの仕様と数を再検討し，

VDI導入コストの最適化を図る。」ことが挙げられる。

自己採点の基準

(1) は，業務継続に必要なVDIサーバの仕様と数を見積もり，稼働に影響がないようにすることを挙げていれば正解とする。
(2) は業務継続に必要な資源を限定することに触れていれば正解と考えてよいと思われる。

午後Ⅰ問2

問　情報セキュリティ管理状況の監査に関する次の記述を読んで，設問1～5に答えよ。

B社は，店舗での販売を主力事業としてきた百貨店である。しかし，最近はインターネットを利用した通信販売が普及してきたことから，3年前からインターネット通信販売システム（以下，通販システムという）を利用した通信販売を開始し，売上拡大に取り組んでいる。

B社では，通販システム運用開始時から保守業務をP社に委託している。今般，通販システムの保守業務を外部委託している同業他社の業務委託先で，顧客の決済情報が漏えいするという事故が発生した。B社の内部監査部長は，この事故から自社の通販システムについて情報セキュリティ管理の重要性を認識し，システム監査チームに対して管理状況を監査するよう指示した。

〔予備調査の結果（抜粋）〕

システム監査チームは今年3月に予備調査を実施し，次の事項を確認した。

(1) B社システム部には，通販システム課（以下，通販課という）があり・課長1名と課員2名が配置されている。通販課は，通販システムの運用・保守を業務委託先の管理も含め，担当している。

(2) B社の通販システムを担当するP社の保守業務担当（以下，P社保守業務担当という）には，P社の正社員及び契約社員から構成される従業員5名が配置されている。そのうち，正社員の一部は毎年4月に異動となり，契約社員の一部も契約更改時に入れ替わっている。

(3) B社システム部は，P社との業務委託契約に基づき，毎月，P社の業務体制図を受領している。業務体制図には，P社保守業務担当の氏名，役割，着任年月，再委託先の社名などが記載されている。

(4) 通販システムのクレジットカード決済機能の保守業務は，運用開始時にはP社からQ社に再委託されていたが，今年1月からは再委託先がR社に変更されている。

(5) 通販システムの保守業務において使用されるテストデータは，表1のような手順で作成され，P社に送付されている。

表1　テストデータ作成手順

担当	業務内容・手順
P社保守業務担当者	①　B社通販課からの保守依頼に基づき，テストデータ作成依頼書（以下，データ依頼書という）を作成する。 ②　P社保守業務担当課長の承認を得て，B社通販課に送付する。
B社通販課員	③　B社通販課長からの指示とデータ依頼書に基づき，専用ツールを用いて，顧客氏名，クレジットカード番号などを類推不能な英数字に置き換えるマスク処理を行う。 ④　マスク処理が正常に終了すると，テストデータ番号をファイル名とするテストデータがCD-Rに出力され，テストデータ番号が記載されたマスク処理結果票が作成される。 ⑤　記載されたテストデータ番号をデータ依頼書に記入する。
B社通販課長	⑥　マスク処理が正常に終了したことを確認し，データ依頼書に確認印を押す。 ⑦　P社にCD-R，データ依頼書，受領書を送付するように通販課員に指示する。データ依頼書の写しは，B社通販課で保管される。
P社保守業務担当課長	⑧　B社通販課から受領したCD-Rの内容を確認して，受領書にテストデータ番号を記入し，確認印を押す。 ⑨　B社通販課に受領書を送付するようにP社保守業務担当者に指示する。
B社通販課員	⑩　P社から返送された受領書に対応するデータ依頼書の写しがあることを確認する。
	⑪　受領書とデータ依頼書の写しを合わせて，受領書ファイルに保管する。

(6) 次のように，B社の各部署は，業務委託先から提出される情報セキュリティ確認書によって，情報セキュリティ管理状況を確認している。

① B社管理部が所管する外部委託管理規程では，業務委託先に対して一定の確認項目についての情報セキュリティ確認書を，B社と業務委託先との契約締結時，及び年1回（毎年12月）B社の各部署に提出させることを定めている。

② P社からの情報セキュリティ確認書は，契約締結時，及び毎年12月にB社システム部に提出され，情報セキュリティ確認書の確認項目ごとにB社通販課長の確認印が押される。P社が昨年12月に提出し，B社が確認した情報セキュリティ確認書の一部は，表2のとおりである。

③ P社から提出された情報セキュリティ確認書の添付資料の業務体制図，教育実施記録には，次のような内容が記載されている。

業務体制図　：P社保守業務担当の氏名，役割，着任年月，再委託先の社名など
教育実施記録：従業員氏名，教育内容，教育実施年月など

表2　P社から提出された情報セキュリティ確認書（抜粋）

項番	確認項目	回答	添付資料	確認印
1	受託業務を担当する全ての従業員に対して，情報セキュリティ教育を適時に実施しているか。	業務体制図に記載した受託業務を担当する従業員に対して，教育実施記録のとおり着任時に情報セキュリティ教育を実施している。	12月時点の業務体制図及び12月時点の教育実施記録	印
2	受託業務を再委託している場合，再委託先の情報セキュリティ管理状況を確認しているか。	貴社に対して当社が提出している情報セキュリティ確認書と同内容の確認書を，受託業務の再委託先から定期的に受領し，当社の保守業務担当課長が確認印を押している。	Q社から提出された情報セキュリティ確認書	印

〔本調査の計画（抜粋）〕

システム監査チームは，予備調査の結果に基づき，表3のような監査手続書を策定した。

表3　監査手続書（抜粋）

項番	監査要点	監査手続
1	B社通販課長は，業務委託先に送付するテストデータがマスク処理されていることを確認しているか。	データ依頼書の写しを閲覧し，B社通販課長の確認印が押されていることを確認する。
2	a	受領書ファイルに保管されたデータ依頼書の写しと，P社保守業務担当課長の確認印が押された受領書を照合し，テストデータ番号が一致していることを確認する。
3	B社システム部は，業務委託先における情報セキュリティ教育の実施状況を適切に確認しているか。	P社から提出された情報セキュリティ確認書を閲覧し，B社通販課長の確認印が押されていることを確認する。
4	B社システム部は，業務委託先を通じて，再委託先の情報セキュリティ管理状況を適切に確認しているか。	P社から提出された情報セキュリティ確認書に，再委託先からの情報セキュリティ確認書が添付されていることを確認する。次に，再委託先から提出された情報セキュリティ確認書に，P社保守業務担当課長の確認印が押されていることを確認する。

〔内部監査部長のレビュー（抜粋）〕

内部監査部長は，システム監査チームから予備調査の結果及び本調査の計画について報告を受け，次のとおり指摘した。

(1) 表3項番1の監査手続だけでは，監査要点の立証には不十分である。追加の監査手続（データ依糖の写しと［　b　］の照合）を検討すること

(2) 表3項番3の監査手続だけでは，監査要点の立証には不十分である。

①　追加の監査手続（P社から提出された情報セキュリティ確認書の添付資料であ

る業務体制図と教育実施記録の照合）を検討すること

② Ｐ社における通販システムの保守業務体制を考慮すると，Ｐ社から提出された情報セキュリティ確認書の添付資料同士を照合するだけでは，監査手続として不十分であると考えられる。この点を踏まえて，追加の監査手続を検討すること

〔本調査の結果（抜粋）〕

システム監査チームは，監査手続を再検討した後，内部監査部長の承認を得て，今年４月に本調査を実施した。

表３項番４の監査手続を実施した結果，Ｂ社システム部が現在の再委託先Ｒ社の情報セキュリティ管理状況を確認していないことが判明したので，次の改善提案を行った。

(1) Ｂ社システム部は，Ｐ社を通じて，Ｒ社の情報セキュリティ管理状況をできるだけ速やかに確認すること

(2) Ｂ社管理部は，業務委託先から提出される情報セキュリティ確認書に関して，外部委託管理規程を改定すること

設問１ 〔本調査の計画（抜粋）〕の表３について，[a]に入れる監査要点を50字以内で述べよ。

設問２ 〔内部監査部長のレビュー（抜粋）〕の（1）について，[b]に入れる監査資料を10字以内で答えよ。

設問３ 〔内部監査部長のレビュー（抜粋）〕の（2）の①について，監査手続において確認する事項を二つ挙げ，それぞれ30字以内で述べよ。

設問４ 〔内部監査部長のレビュー（抜粋）〕の（2）の②について，内部監査部長が“Ｐ社から提出された情報セキュリティ確認書の添付資料同士を照合するだけでは，監査手続として不十分である”と考えた理由を，45字以内で述べよ。

設問５ 〔本調査の結果（抜粋）〕の（2）について，外部委託管理規程の具体的な改定内容を，50字以内で述べよ。

解答例・解説

●解答例（試験センター公表の解答例より）

設問1　B社通販課員は，依頼されたテストデータが業務委託先で受領されたことを適切に確認しているか。

設問2　マスク処理結果票

設問3　① 業務体制図上の全ての従業員について教育実施記録があるか。
　　　　② 従業員の着任年月と教育実施年月が一致しているか。

設問4　受託業務担当の従業員に対する教育実施記録を網羅的に確認する必要があるから

設問5　再委託先などを委託業務体制が変更された場合に，速やかに情報セキュリティ確認書を提出させる。

●問題文の読み方

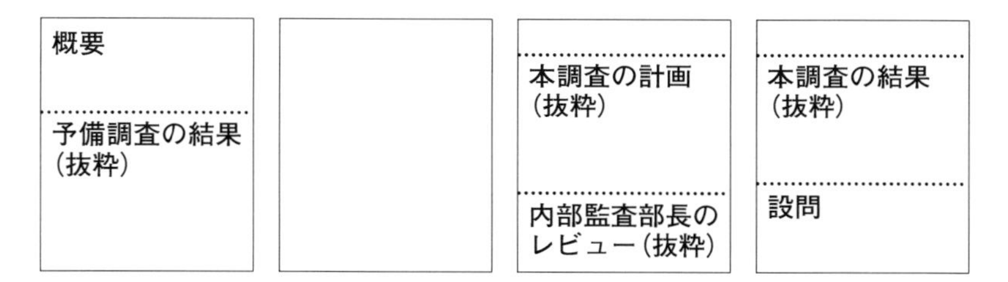

(1) 全体構成の把握

最初に概要があり，現行システムの概要とその委託状況について述べられている。その後に，予備調査の結果が記述されており，現在の運用・保守の実態が詳しく書かれている。次に本調査の計画が主に監査手続という形で記述されている。内部監査のレビューは，この本調査の計画について，内部監査部長のレビュー結果が記述されている。そして，最後に本調査の結果が改善提案も含めて書かれている。

(2) 問題点の整理

すべての設問が［本調査の計画（抜粋)］，［内部監査部長のレビュー（抜粋)］及び［本調査の実施（抜粋)］に関連して出題されている。そして，これらが［予備調査の結果（抜粋)］の（1）～（6）の記載と関連している。この対応関係を表にすると以下のようになる。

設問番号	本調査の計画	内部監査部長のレビュー	本調査の実施	予備調査の結果
1	表3項番2			(5)
2	表3項番1	(1)		(5)
3	表3項番3	(2) ①		(6)
4	表3項番3	(2) ②		(6)
5			(2)	(6)

(3) 設問のパターン

設問番号	設問のパターン	設問の型		
		パターンA	パターンB	パターンC
設問1	監査ポイントの指摘		◎	
設問2	監査手続の指摘・追加			◎
設問3	監査手続の指摘・追加		◎	
設問4	監査手続の指摘・追加		◎	
設問5	改善事項の提示		◎	

●設問別解説

設問1

監査ポイントの指摘

前提知識

監査手続に関する基本知識

解説

表3に書かれた監査手続に対応する監査要点を答える設問である。表1のテストデータ作成手順を見ると，P社の保守業務担当者がテストデータ作成依頼書を作成し，それに基づきB社通販課員がテストデータを作成し，B社通販課長がデータ依頼書に確認を押印し送付の指示をすることが分かる。その後，P社保守業務担当課長は，CD-Rの内容を確認して，受領書に確認印を押し，P社保守業務担当者にB社通販課に送付するように指示する。一方，表3の監査手続書の項番2の監査手続を見ると，「受領書ファイルに保管されたデータ依頼書の写しと，P社保守業務担当課長の確認印が押された受領書を照合し，テストデータ番号が一致していることを確認する。」と書かれている。設問は，この監査手続によって何を確認しようとしているかを求めている。もし，データ依頼書と受領書が対応しないとすると，作成された

データがP社に適切に渡されていない可能性があることになる。このテストデータは，B社通販課員が送付しているので，適切に送付されているかを確認するのはB社通販課員の役割と思われる。したがって，確認したいことは「B社通販課員は，依頼されたテストデータが業務委託先で受領されたことを適切に確認しているか」であることになる。

自己採点の基準

依頼されたテストデータが業務委託先で受領されたことが適切に確認されているかという点が述べられていれば正解と思われる。

設問2

監査手続の指摘・追加

前提知識

監査手続に関する基本知識

解説

テストデータがマスク処理されていることを確認するための監査手続を答える設問である。表3の項番1の監査要点は，「B社通販課長は，業務委託先に送付するテストデータがマスク処理されていることを確認しているか。」であるが，これに対して監査手続の「データ依頼書の写しを閲覧し，B社通販課長の確認印が押されていることを確認する。」ことでは，不十分であると指摘されている。確かに，この監査手続ではB社通販課長により確認されていることはチェックできるが，マスク処理がされているかどうかは確認できない。表1のB社通販課員の業務内容・手順には，マスク処理が終了するとマスク処理結果票が作成されることが記述されているので，このマスク処理結果票とデータ依頼書を照合すれば，マスク処理が行われたことを確認できることがわかる。

自己採点の基準

マスク処理結果票だけが正解である。

設問3

監査手続の指摘・追加

前提知識

監査手続に関する基本知識

解説

監査手続において確認する事項を挙げる設問である。［内部監査部長のレビュー（抜粋）］の（2）の①には,「追加の監査手続（P社から提出された情報セキュリティ確認書の添付資料である業務体制図と教育実施記録の照合）を検討すること」と書かれているので，業務体制図と教育実施記録を使用した確認事項であることがわかる。表2の情報セキュリティ確認書の項番1の確認項目には,「受託業務を担当する全ての従業員に対して,情報セキュリティ教育を適時に実施しているか。」と書かれており，全従業員に対して教育が行われていることを確認する必要があることがわかる。次に，表2の情報セキュリティ確認書の項番1の回答を見ると,「業務体制図に記載した受託業務を担当する従業員に対して，教育実施記録のとおり着任時に情報セキュリティ教育を実施している。」という記述があり，着任時に情報セキュリティ教育を実施していることがわかる。この2つは，確かに業務体制図と教育実施記録の照合で確認できるので，この2つの観点を解答すればよいことがわかる。解答としては，業務体制図，教育実施記録の記載項目も含めて，この2つの観点を確認事項として具体的に記述すればよい。

自己採点の基準

①は，業務体制図上の全ての従業員について教育が行われていることが記述されていれば正解とする。②は，着任年月と教育実施年月が一致していることまで述べる必要がある。

設問4

監査手続の指摘・追加

前提知識

監査手続に関する基本知識

解説

内部監査部長が監査手続として不十分であると考えた理由を述べる設問である。［内部監査部長のレビュー（抜粋）］の（2）の②には,「P社における通販システムの保守業務体制を考慮すると，P社から提出された情報セキュリティ確認書の添付資料同士を照合するだけでは,監査手続として不十分であると考えられる。」と書かれているので,保守業務体制を考慮して不十分な点を指摘すればよいことがわかる。［予備調査の結果（抜粋）］の（2）には,「そのうち，正社員の一部は毎年4月に異動となり，契約社員の一部も契約更改時に入れ替わっている。」という記述があり，正社員や契約社員が4月に入れ替わっていることがわかる。しかし，表2の項番1の添付資料を見ると，12月時点の業務体制図及び12月時点の教育実施記録が添付されていることがわかり，4月に入れ替わった社員に対する記録があるかどうかがわからないことがわかる。したがって，解答としては「受託業務担当の従業員に対する教育実施記録を網羅的に確認する必要があるから」という点を挙げればよい。

自己採点の基準

業務委託先の体制変更時期と監査添付資料の作成時期の相違を踏まえた解答になっていれば正解と思われる。

設問5

改善事項の提示

前提知識

コントロールに関する基本知識

解説

外部委託管理規程の具体的な改定内容を答える設問である。P社は今年1月に再委託先をQ社からR社に変更しているが，その際にR社の情報セキュリティ管理状況が確認されていなかったことが問題になったことが［本調査の結果（抜粋）］に記載されている。［予備調査の結果（抜粋）］の（6）の①には，「B社管理部が所管する外部委託管理規程では，業務委託先に対して一定の確認項目についての情報セキュリティ確認書を，B社と業務委託先との契約締結時，及び年1回（毎年12月）B社の各部署に提出させることを定めている。」と書かれており，業務委託先の再委託先などが変更された場合に，提出義務がないことがわかる。したがって，解答としては「再委託先などを委託業務体制が変更された場合に，速やかに情報セキュリティ確認書を提出させる。」ことを挙げればよい。

自己採点の基準

委託業務体制が変更された場合に，速やかに情報セキュリティ確認書を提出させることが記述されていれば正解とする。

午後Ⅰ問3

問　経営情報システムの監査に関する次の記述を読んで，設問１～４に答えよ。

Ａ社は照明機器の製造販売会社であり，自動車用照明，電子機器用照明及び一般照明の三つの事業本部がある。各事業本部は，それぞれ国内外の製造子会社及び販売子会社を所管している。

Ａ社では，事業本部によって，重視する管理指標，管理水準などが異なっており，子会社を含めたグループ経営管理の障害となっていた。こうした状況を改善するために，Ａ社は中期経営計画において，“企業グループとしての経営管理レベルの向上”を全社で取り組むべき経営課題と位置付け，諸施策を実施してきた。その一環として，Ａ社及び全子会社を対象とする経営情報システムを導入し，昨年度から稼働させている。

Ａ社の内部監査部では，本年度の監査計画に基づき，経営情報システムの開発目的の達成状況を監査することになった。

〔経営情報システムの開発経緯〕

1. 従来の状況

従来，各事業本部が，それぞれ所管する主要子会社を含む事業の状況について分析資料を作成し，毎月第15営業日に開催される経営会議で報告を行っていた。しかし，事業本部ごとに独自の管理指標を用いて分析を行っており，経理部から報告される月次決算数値との整合性も考慮されていなかった。また，各事業本部では，分析資料の作成に当たって，所管する主要子会社が表計算ソフトで作成した各種資料を電子メールで収集しており，集計や取りまとめに多くの工数を要していた。

2. 経営情報システムの開発目的

“企業グループとしての経営管理レベルの向上”のための施策として，既に検討が開始されていた連結経営管理指標の設定，決算早期化などの関連する他の諸施策と連携して，経営情報システムの開発が企画された。企画書に記載された開発目的は，次のとおりである。

(1) 事業状況の分析作業の効率向上を図り，経営会議の開催を毎月第８営業日に早期化できること

(2) 各事業本部は，所管する全ての子会社を含む事業状況を，経営会議で報告でき

ること
(3) 経営会議で報告する事業状況の分析は，連結経営管理指標に基づいていること，及び月次決算数値との整合性を確保すること
(4) 各事業本部及び各子会社が，それぞれの特性に応じた独自の分析を行えること

3. 開発プロジェクト

経営情報システムの開発計画は取締役会で承認され，開発プロジェクトが発足した。開発プロジェクトの体制は，次のとおりである。

・プロジェクト責任者：経営企画担当のS取締役
・プロジェクトリーダ：情報システム部のT氏
・サブリーダ：各事業本部から各1名，経理部から1名，経営企画部から1名
・作業チーム：各サブリーダが，それぞれの所属部門の中で数名を選抜して編成

事業本部が所管する全ての子会社に対するプロジェクトの説明，作業依頼，研修などは，各事業本部の作業チームが行うこととされた。

〔経営情報システムの概要〕

経営情報システムは，大きく分けて，“経営管理指標レポート”と“フリー分析”の二つの機能から構成されている。

(1) 経営管理指標レポート

連結経営管理指標の定型レポート（以下，KPIレポートという）を自動生成する機能である。KPIレポートは，全社連結，事業本部連結，各会社の3階層で構成され，毎月第5営業日に閲覧が可能になる。製品別・地域別，前期対比・予実対比などの条件を指定して閲覧することができる。

(2) フリー分析

売上，利益，在庫，生産，資金など，事業活動上の重要なデータを様々な視点から自由に分析する機能である。これらのデータは関連する複数のシステムから日々収集されている。フリー分析には，次の二つの利用目的がある。

① 各事業本部及び各子会社の担当者が，日常の業務管理に必要な分析やレポート作成を行う。
② 各事業本部及び各子会社が，毎月第5営業日に提供されるKPIレポート上の経営管理指標の予算との差異や異常値の原因などについて経営会議で説明するために，詳細な分析を行う。各事業本部及び各子会社は，分析結果に基づいて，第6営業日中に，経営情報システムの月次報告の画面から説明文や図表を入力して登録する。短時間で月次報告の登録作業を完了するために，KPIレポートが提供される前から分析作業に着手する必要がある。各事業本部では，自事業本部及び所管の各子会社

のKPIレポートと月次報告から，経営会議報告資料を作成する。

(3) 利用履歴の管理

“経営管理指標レポート”及び“フリー分析”では，利用できる機能及び閲覧できるデータの範囲は利用者ごとに設定されている。各機能及びデータへのアクセスの状況はアクセスログに記録され，各事業本部では，自事業本部及び所管の子会社の利用者ごとの利用状況の分析ができるようになっている。

〔予備調査の概要〕

今回の監査は，内部監査部のK氏が担当することになった。

予備調査では，企画書の閲覧，及び経営企画担当のS取締役へのインタビューを行った。企画書には，経営情報システムの開発に関して必要十分な事項が記載されており，開発計画は所定の手続に従って適切に承認されていた。S取締役によれば，経営情報システムの開発計画はスケジュールどおり進捗し，10月1日の運用開始から特に重大なトラブルもなく稼働している，とのことであった。

インタビューの際，S取締役から“経営情報システム利用状況調査報告書”（以下，調査報告書という）を入手した。調査報告書は，稼働後の利用状況に関して，プロジェクトリーダのT氏と5名のサブリーダが実施した調査結果の報告書であり，その概要は図1のとおりである。

(1) 調査の実施期間：12月15日～12月19日
(2) 調査の結果：
① 経営情報システムが稼働して以降，毎月第8営業日に経営会議が開催され，各事業本部の事業状況が報告されている。
② 経営会議への報告は連結経営管理指標に基づいており，決算数値との整合性も確保されている。
③ 各子会社は，第6営業日中に経営情報システムに月次報告の登録を行うことになっているが，登録が遅れる子会社や報告内容の不十分な子会社がある。
④ システム自体のトラブルについては，その都度対応しており，発生頻度は減少してきている。

図1 調査報告書の概要

〔監査手続書の作成〕

K氏は，予備調査の結果を踏まえて監査手続書の作成に着手した。監査手続の検討に当たっては調査報告書を参考にしたが，(a) 監査の実施に当たって監査証拠として全面的に依拠するには問題があると考えた。

また，K 氏は図 1 の（2）調査の結果③に記載されている登録遅延などの原因は事業本部にあるのではないかと考え，各事業本部に対するインタビューにより，二つの事項を確認するための監査手続を設定した。

設問 1 K 氏は，経営情報システムの開発目的に照らして，図 1 の（2）調査の結果の記載内容だけでは不十分であると考えた。追加して記載すべきと考えた内容を 50 字以内で述べよ。

設問 2 図 1 の（2）調査の結果③の状況を放置しておくことは重大な経営上のリスクとなる可能性がある。具体的にどのようなリスクが想定されるかを，45 字以内で述べよ。

設問 3〔監査手続書の作成〕で，K 氏が本文中の下線（a）のように考えた理由を，50 字以内で述べよ。

設問 4〔監査手続書の作成〕で，K 氏が設定した監査手続において確認することになった二つの事項を，それぞれ 35 字以内で述べよ。

解答例・解説

●解答例（試験センター公表の解答例より）

設問1　“各事業本部及び各子会社が，それぞれの特性に応じた独自の分析が行えること”に関する調査結果

設問2　子会社の重要な情報が経営会議資料に適切に反映されず，誤った経営判断を行うリスク

設問3　開発プロジェクトの当事者が作成した調査報告書であり，調査の客観性が担保されないから

設問4　① 各子会社に対して，月次報告の研修を適切な時期に実施していること

② アクセスログを利用し，各子会社の利用状況を分析していること

●問題文の読み方

1	2	3	4
概要 経営情報システムの開発経緯	経営情報システムの概要	予備調査の概要	監査手続書の作成 設問

(1) 全体構成の把握

最初に概要があり，経営管理レベルの概要と経営情報システム導入計画について述べられている。その後に，導入した経営情報システムの概要が記述されている。その後に予備調査の概要が記述されており，経営情報システムの利用状況が書かれている。そして，最後に監査手続書の概要が記述されている。

(2) 問題点の整理

すべての設問が図1及び［監査手続書の作成］に関連して出題されている。そして，これらが［経営情報システムの開発経緯］及び［経営情報システムの概要］の記載と関連している。この対応関係を表にすると以下のようになる。

設問番号	予備調査の概要図1	監査手続書の作成	経営情報システムの開発経緯	経営情報システムの概要
1	(2)		項番2	
2	(2) ③		項番2	
3		1番目の段落		
4	(2) ③	2番目の段落	項番3	(3)

(3) 設問のパターン

設問番号	設問のパターン	設問の型		
		パターンA	パターンB	パターンC
設問1	監査ポイントの指摘			◎
設問2	リスクの指摘		◎	
設問3	監査実施上の留意点		◎	
設問4	監査手続の指摘・追加		◎	

●設問別解説

設問1

監査ポイントの指摘

前提知識

システム監査に関する基本知識

解説

追加して監査報告書に記載すべき項目を答える設問である。設問に「経営情報システムの目的に照らして」という記述があるので,［経営情報システムの開発経緯］の「2. 経営情報システムの開発目的」を参考にすればよいことがわかる。ここに書かれた開発目的と図1の開発報告書の概要を突き合わせてみると,「(4) 各事業本部及び各子会社が,それぞれの特性に応じた独自の分析が行えること」という目的に対応した記述がないことがわかる。したがって,解答としては「“各事業本部及び各子会社が,それぞれの特性に応じた独自の分析が行えること”に関する調査結果」を挙げればよい。

自己採点の基準

各事業本部及び各子会社が,それぞれの特性に応じた独自の分析が行えることという記述と関連させて述べられていれば正解とする。

設問2

リスクの指摘

前提知識

監査手続に関する基本知識

解説

調査報告書の問題点を放置しておくことにより生ずる重大な経営上のリスクを答える設問である。図1の（2）調査の結果③には,「各子会社は，第6営業日中に経営情報システムに月次報告の登録を行うことになっているが，登録が遅れる子会社や報告内容の不十分な子会社がある。」と記載されており,これによって生ずるリスクを考えればよい。これと関連する記述を探すと,「経営情報システムの開発経緯」の2. 経営情報システムの開発目的（2）に「各事業本部は，所管する全ての子会社を含む事業状況を，経営会議で報告できること」と書かれており，この目的が達成できないことになる。これが達成できないと，経営情報システムの主要な目的である“企業グループとしての経営管理レベルの向上”も達成できないことになる。解答としては，これらを整理して，前半は子会社の情報が経営会議で報告されないことを述べ，後半はその結果として経営判断が適切にできないことを挙げればよい。

自己採点の基準

前半は子会社の情報が経営会議に報告されないことを挙げればよい。後半は，管理レベルの向上につながらない点を指摘してあれば正解と思われる。

設問3

監査実施上の留意点

前提知識

監査手続に関する基本知識

解説

監査の実施に当たって監査証拠として全面的に依拠するには問題があると考えた理由を答える設問である。［予備調査の概要］には，「調査報告書は，稼働後の利用状況に関して，プロジェクトリーダのT氏と5名のサブリーダが実施した調査結果の報告書であり」という記述があり，調査報告書の作成者がプロジェクトリーダとサブリーダであることがわかる。今回の監査の目的は，経営情報システムの開発目的の達成状況を確認することなので，開発目的の達成のための作業の当事者であるプロジェクトリーダとサブリーダが作成した資料を全面的に採用することは，客観性の観点から問題がある。参考にすることは構わないが，あくまでも監査人の判断で報告書の内容の妥当性を判断すべきである。

自己採点の基準

当事者の作成であり，客観性が担保されない点を記載してあれば正解とする。

設問4

監査手続の指摘・追加

前提知識

監査手続に関する基本知識

解説

監査手続において確認することになった事項を挙げる設問である。[監査手続書の作成]には，「また，K氏は図1の（2）調査の結果③に記載されている登録遅延などの原因は事業本部にあるのではないかと考え」と書かれているので，登録遅延等に関して事業本部に責任がないか確かめようとしていることがわかる。一般的には，事業本部の責任としては，教育や指導が不十分なことが考えられるので，関連する記述を問題文から探してみる。まず，「経営情報システムの開発経緯」の3. 開発プロジェクトに「事業本部が所管する全ての子会社に対するプロジェクトの説明，作業依頼，研修などは，各事業本部の作業チームが行うこととされた。」という記述があるので，この研修が適切なタイミングで行われているかを確認した方がよいことが推測できる。次に，[経営情報システムの概要]の（3）には「各機能及びデータへのアクセスの状況はアクセスログに記録され，各事業本部では，自営業本部及び所管の子会社ごとの利用状況が分析できるようになっている。」という記述があるので，この利用状況の分析が行われているかどうかを確認した方がよいことが推測できる。

自己採点の基準

①は，各子会社に対して，研修を適切な時期に実施しているかどうかを確認する点を挙げていれば正解とする。②は，アクセスログを利用して，各子会社の利用状況を分析する点を挙げていれば正解とする。

午後Ⅱ問１

問　ソフトウェアの脆(ぜい)弱性対策の監査について

近年，ソフトウェアの脆弱性，すなわち，ソフトウェア製品及びアプリケーションプログラムにおけるセキュリティ上の欠陥を悪用した不正アクセスが増えている。ソフトウェア製品とは，アプリケーションプログラムの開発及び稼働，並びに情報システムの運用管理のために必要なオペレーティングシステム，ミドルウェアなどをいう。

ソフトウェアの脆弱性によっては，それを放置しておくと，アクセス権限のない利用者が情報を閲覧できるなど，アクセス権限を越えた操作が可能になる場合もある。例えば，不正アクセスを行う者が，この脆弱性を悪用して攻撃を仕掛け，情報の窃取，改ざんなどを行ったり，情報システムの利用者に，本来は見えてはいけない情報が見えてしまったりする。

ソフトウェアの脆弱性対策では，開発段階で，ソフトウェア製品及びアプリケーションプログラムの脆弱性の発生を防止するとともに，テスト段階で脆弱性がないことを確認する。しかし，テスト段階で全ての脆弱性を発見し，取り除くことは難しい。また，ソフトウェアのバージョンアップの際に新たな脆弱性が生じる可能性もある。したがって，運用・保守段階でも継続的に脆弱性の有無を確認し，適切な対応を実施していくことが必要になる。

システム監査人は，ソフトウェアの脆弱性を原因とした情報セキュリティ被害を防止するために，ソフトウェアの脆弱性対策が適切に行われるためのコントロールが有効に機能しているかを確認する必要がある。

あなたの経験と考えに基づいて，設問ア～ウに従って論述せよ。

設問ア　あなたが携わった情報システムの概要，及びその情報システムにおけるソフトウェアの脆弱性によって生じるリスクについて，800字以内で述べよ。

設問イ　設問アに関連して，ソフトウェアの脆弱性対策について，開発，テスト，及び運用・保守のそれぞれの段階において必要なコントロールを，700字以上1,400字以内で具体的に述べよ。

設問ウ　設問イで述べたコントロールの有効性を確認するための監査手続について，確認すべき監査証拠を含めて700字以上1,400字以内で具体的に述べよ。

解説

●段落構成

1. 情報システムの概要とソフトウェアの脆弱性によって生じるリスク
   1.1 情報システムの概要
   1.2 ソフトウェアの脆弱性によって生じるリスク
2. 必要なコントロール
   2.1 開発段階におけるコントロール
   2.2 テスト段階におけるコントロール
   2.3 運用・保守段階におけるコントロール
3. コントロールの有効性を確認するための監査手続
   3.1 開発段階におけるコントロールに関する監査手続
   3.2 テスト段階におけるコントロールに関する監査手続
   3.3 運用・保守段階におけるコントロールに関する監査手続

●問題文の読み方と構成の組み立て

(1) 問題文の意図と取り組み方

最近リスクが大きくなっているソフトウェアの脆弱性に関する問題である。過去にセキュリティに関連する問題は多く出題されているが，ソフトウェアの脆弱性に関連する問題が出題されたのは初めてである。しかし，このテーマは多くの人が実務でも関与していると思われるので，比較的書きやすいテーマであったと思われる。

問題の構成としては，**設問イ**でコントロールを述べ，**設問ウ**で監査手続を述べるオーソドックスな構成なので，経験がある人にとっては書く内容を決めやすかったと思われる。

(2) 全体構成を組み立てる

設問アは，最初に情報システムの概要を述べる必要があるが，これは多くの人が事前に準備をしていたと思われるので，内容について難しい点はなかったと思われる。次に，ソフトウェアの脆弱性によって生じるリスクについて述べる必要がある。これに関しては，問題文にソフトウェアの脆弱性によって，不正アクセスが可能になり，それによって以下のようなリスクが発生することが挙げられている。

①脆弱性を利用して攻撃を仕掛ける。

②情報の搾取，改ざんを行う。

③情報システムの利用者に，本来は見えてはいけない情報が見えてしまう。

リスクはこれ以外にもいろいろ考えられるので，当該システムの特徴を踏まえて，書いていけばよい。

設問イは，ソフトウェアの脆弱性対策について，開発，テスト，及び運用・保守のそれぞれの段階において必要なコントロールを述べていく必要がある。この具体的なコントロールに関しては，問題文には具体的な記述がないので，自身の経験に基づいて書いていく必要がある。一般に，この各段階においてソフトウェアの脆弱性対策として，設定されるコントロールとしては，以下のようなものがある。

段階	コントロール
開発	・脆弱性をもたらす危険なコーディングの禁止 ・脆弱性を有するクラスの使用禁止 ・脆弱性を有するオペレーティングシステム，ミドルウェアを採用しない
テスト	・ソースコード診断の実施 ・脆弱性発見ツールの使用
運用・保守	・オペレーティングシステム，ミドルウェアに対する最新パッチの適用 ・侵入検知システム（IDS），セキュリティソフトの導入

設問ウは，**設問イ**で述べたコントロールの有効性を確認するための監査手続について述べる必要がある。問題文には，どのような観点から確認を行うべきかについては，一切記述がないので，自分で観点を考えていく必要がある。また，設問に「確認すべき監査証拠を含めて」という指定があるので，必ず監査証拠を明確にして書くことが必要である。確認するための監査手続については，**設問イ**で述べたコントロールが確実に実施されていることを確認するための方法を述べていけばよい。その際に，どのような証拠を確かめれば有効性が確認できるか考えて書くことが重要である。

●論文設計テンプレート

1. 情報システムの概要とソフトウェアの脆弱性によって生じるリスク
   1.1 情報システムの概要
   - 全国に約200店舗を展開する大手家電量販店
   - リアル店舗向けシステムとECサイト向けシステムを統合

   1.2 ソフトウェアの脆弱性によって生じるリスク

・顧客の個人情報が漏えい

・商品横流しなどの被害の発生

・データ破壊やDOS攻撃

2. 必要なコントロール

2.1 開発段階におけるコントロール

(1) アプリケーションプログラムの脆弱性対策に必要なコントロール

①危険なコーディングの防止

②危険なクラスを使用しない

(2) ミドルウェアの脆弱性対策に必要なコントロール

・脆弱性が入り込んでいないミドルウェアかどうかをチェック

2.2 テスト段階におけるコントロール

・ソースコード診断をかけて，脆弱性が存在しないかどうかチェック

・ツールを使用して，最新の攻撃手法に対して有効な対策がとられているかをチェック

2.3 運用・保守段階におけるコントロール

・定期的にオペレーティングシステム，ミドルウェアへのパッチを適用

3. コントロールの有効性を確認するための監査手続

3.1 開発段階におけるコントロールに関する監査手続

(1) アプリケーションプログラムの脆弱性対策に必要なコントロール

・危険なコーディングパターンに関する研修会が開催されていることを確認

・コーディング完了時のレビューにおいて，危険なコーディングが行われていないかどうか確認

・使用できるクラスが限定されていることをプロジェクトメンバに伝えるドキュメントが存在することを確認

(2) ミドルウェアの脆弱性対策に必要なコントロール

・ミドルウェア選定時の評価表を確認

3.2 テスト段階におけるコントロールに関する監査手続

・ソースコード診断がかけられていることを，テスト実施記録を見て確認

・すべてのネット通販画面について，ツールを使用して脆弱性チェックが行われていることを確認

3.3 運用・保守段階におけるコントロールに関する監査手続

・オペレーティングシステムやミドルウェアに対して，定期的に最新パッチを適用するルールになっていることを確認

・オペレーション記録を確認して，定期的にパッチが適用されていることを確認

サンプル論文

1．情報システムの概要とソフトウェアの脆弱性によって生じるリスク

1．1　情報システムの概要

A社は全国に約200店舗を展開する大手家電量販店である。従来，A社はリアル店舗向けシステムとＥＣサイト向けシステムを別々に構築してきたが，データ連携が十分にとれず，一元的な顧客対応ができないという問題を解消するために，両システムを統合して1つのシステムに再構築することとなった。新システムは，ＥＣサイトが稼働していたＰＣサーバに統合され，アプリケーションソフトウェアもＥＣサイトのソフトウェアにリアル店舗用のシステムを付加していく形で開発が行われた。

新システムには，マスタ管理機能，販売管理機能，仕入管理機能，在庫管理機能，会計システムとの連携機能などが含まれる。

1．2　ソフトウェアの脆弱性によって生じるリスク

このシステムを構成するオペレーティングシステム，ミドルウェア及びアプリケーションプログラムに脆弱性があると，不正アクセスが行われ，データが改ざんされたり，情報漏えいが発生したりする可能性がある。この結果，次のような影響が出てしまう可能性があった。

①顧客の個人情報が漏えいし，顧客に被害を与えると同時に社会的にも大きな問題となってしまう。

②注文データが改ざんされることにより，商品横流しなどの被害が発生する。

③不正アクセスによりデータが破壊されたり，ＤＯＳ攻撃などを受けて，業務が妨害される。

リスクを具体的に記述

これらの事態が発生すると，その影響は非常に大きく，会社の経営にも重大な影響を与える可能性があるので，

十分な対策をとるように社長からも指示されている。特に個人情報の漏えいは，会社の信用に直結するので，絶対に発生しないようにして欲しいと言われている。 30

2．必要なコントロール

2．1　開発段階におけるコントロール

設問に合わせた構成にしている

開発段階においては，オペレーティングシステムに脆弱性が入り込む余地はないので，アプリケーションプログラムとミドルウェアの脆弱性対策に必要なコントロールを検討した。 5

（1）アプリケーションプログラムの脆弱性対策に必要なコントロール

アプリケーションプログラムの開発で脆弱性が入り込む余地がある部分としては，次のようなものがある。 10

①危険なコーディングの防止

外部からの攻撃を受けやすい危険なコーディングパターンがある。これらのコーディングを行ってしまうと，外部からの攻撃に晒されやすくなってしまう。これを防ぐためのコントロールとして，以下の対策をとることとした。 15

・危険なコーディングパターンをセキュリティの専門家と相談しながら洗い出し，そのようなコーディングパターンを使用しないような開発メンバ全員に対し，研修を行った。 20

・コーディング完了時のレビューにおいて，危険なコーディングパターンが含まれていないことを確認する。

②危険なクラスを使用しない

最近の開発では，クラス・ライブラリーから多くのクラスを使用して開発を行う。この使用するクラスの中に脆弱性を包含したクラスが含まれてしまう可能性がある。これを防ぐために，セキュリティの専門家と相談して， 25

使用できるクラスを限定することとした。

（2）ミドルウェアの脆弱性対策に必要なコントロール

トランザクション処理やデータベース管理のためのミドルウェアに関しても，脆弱性が入り込む可能性がある。これに関しては，どのミドルウェアを採用するか決定する際に，脆弱性が入り込んでいないミドルウェアかどうかをチェックすることとした。このチェックは，セキュリティ専門家の意見と，ミドルウェアのベンダーから最新のセキュリティパッチがタイムリーに提供されているかどうかで判断した。

2．2　テスト段階におけるコントロール

テスト段階では，まず各プログラムについて，ソースコード診断をかけて，脆弱性が存在しないかどうかチェックすることとした。これで問題が発見された場合には，コーディングを修正させるようにした。

また，ネット通販画面の方からも，脆弱性発見ツールを使用して，最新の攻撃手法に対して有効な対策がとられているかをチェックすることとした。これにより，問題点が発見された場合には，該当モジュールについて対策を取ることとした。

2．3　運用・保守段階におけるコントロール

ネットからの攻撃は，次から次への新しい攻撃手法が考え出されるので，脆弱性対策もそれらに対応して更新していく必要がある。

オペレーティングシステムとミドルウェアに関しては，オペレーティングシステムやミドルウェアの提供元から，これらの新しい攻撃手法に対応したパッチが提供されるので，システムの保守部門は定期的にこれらのパッチを適用することとした。

３．コントロールの有効性を確認するための監査手続

３．１　開発段階におけるコントロールに関する監査手続

設問イと構成を合わせて，コントロールと監査手続の対応を分かりやすくしている

（1）アプリケーションプログラムの脆弱性対策に必要なコントロール　5

アプリケーションプログラムの脆弱性対策に必要なコントロールに関しては，危険なコーディングパターンに関する研修会が開催されていることを，研修記録を見て確認する。また，そこには当プロジェクトの開発メンバ全員が出席していることも確認する必要がある。次に，　10
コーディング完了時のレビューにおいて，危険なコーディングが行われていないかどうか確認しているかどうかを，レビュー記録で確認した。さらに，いくつかのプログラムをサンプリングして，危険なコーディングがされていないかどうかについても確認する。　15

危険なクラスの使用に関しては，使用できるクラスが限定されていることをプロジェクトメンバに伝えるドキュメントが存在することを確認する。また，サンプリングしたプログラムについて，許可されていないクラスが使用されていないことを確認する。　20

これらの確認した各記録とシステム監査人が確認した結果を記載した文書は監査証拠として残すこととする。

（2）ミドルウェアの脆弱性対策に必要なコントロール

ミドルウェア選定時の評価表を確認して，専門家の意見が反映していることと，ベンダーから最新のセキュリ　25
ティパッチがタイムリーに提供されていることを確認しているかどうかを確認する。

３．２　テスト段階におけるコントロールに関する監査手続

全てのプログラムについて，ソースコード診断がかけ　30
られていることを，テスト実施記録を見て確認する。また，その際に問題が発見された場合には，適切なコーデ

ィングの修正が行われていることを，バグ対応履歴を見て確認する。

また，すべてのネット通販画面について，ツールを使用して脆弱性チェックが行われていることをテスト実施記録を見て確認する。

これらの確認した各記録はそのコピーを監査証拠として残すこととする。

3．3　運用・保守段階におけるコントロールに関する監査手続

運用マニュアルを確認してオペレーティングシステムやミドルウェアに対して，定期的に最新パッチを適用するルールになっていることを確認する。また，オペレーション記録を確認して，定期的にパッチが適用されていることを確認する。

これらの確認したマニュアル及び記録のコピーを監査証拠として残すこととした。

午後Ⅱ問2

問 消費者を対象とした電子商取引システムの監査について

情報技術の発展に伴い，インターネットを利用して消費者が商品を手軽に購入できる機会が増えてきている。これらの消費者を対象とした電子商取引の市場規模はますます拡大し，その形態も企業対個人取引（BtoC），インターネットオークションなどの個人対個人取引（CtoC）など，多様化している。最近では，ソーシャルネットワーク，全地球測位システム（GPS）などの情報と取引履歴情報とを組み合わせたビッグデータの分析・活用によるマーケティングなども広がりつつある。

一方，BtoC 又は CtoC のビジネスは，不特定多数の個人が対象であることから，情報システムの機密性が確保されていないと，氏名，住所，クレジットカード番号などの個人情報が漏えいするおそれがある。

また，取引データの完全性が確保されていないと，取引の申込み又は承諾のデータが消失したり，不正確な取引情報を記録したりするなど，契約成立又は取引に関わる判断根拠がなくなるおそれがある。

さらに，可用性が確保されていないと，一度に大量の注文が集中して情報システムがダウンするなどして，取引が妨げられて販売機会を逃すことによる損失が生じたり，損害賠償を請求されたりする可能性もある。

システム監査人は，このような点を踏まえて，消費者を対象とした電子商取引システムに関わる機密性，完全性及び可用性のリスクを評価して，リスクを低減するためのコントロールが適切に機能しているかどうかを確かめる必要がある。

あなたの経験と考えに基づいて，設問ア～ウに従って論述せよ。

設問ア あなたが関係する消費者を対象とした電子商取引システムについて，その概要とビジネス上の特徴，及び情報システムを運営する立場から重要と考えるリスクを 800 字以内で述べよ。

設問イ 設問アで述べた情報システムにおいて実施すべきと考える機密性，完全性及び可用性を確保するためのそれぞれのコントロールについて，700 字以上 1,400 字以内で具体的に述べよ。

設問ウ 設問イで述べたコントロールの適切性を監査する場合の手続について，監査証拠及び確かめるべきポイントを踏まえて，700 字以上 1,400 字以内で述べよ。

解説

●段落構成

1. 電子商取引システムの概要と運営する立場から重要と考えるリスク
   - 1.1 情報システムの概要
   - 1.2 運営する立場から重要と考えるリスク
2. 機密性，完全性及び可用性を確保するためのコントロール
   - 2.1 機密性を確保するためのコントロール
   - 2.2 完全性を確保するためのコントロール
   - 2.3 可用性を確保するためのコントロール
3. コントロールの適切性を監査する場合の監査手続
   - 3.1 機密性を確保するためのコントロールに対する監査手続
   - 3.2 完全性を確保するためのコントロールに対する監査手続
   - 3.3 可用性を確保するためのコントロールに対する監査手続

●問題文の読み方と構成の組み立て

(1) 問題文の意図と取り組み方

最近事例が多くなっている電子商取引システムの監査に関する問題である。Webシステムや電子商取引に関する問題は，他の試験種別でも多く出題されてきているので，十分に予想されたテーマである。内容的には，システムの機密性，完全性及び可用性というシステム監査においては定番のテーマなので，比較的書きやすかったと思われる。機密性，完全性及び可用性を明確に区別して書き分けることと，電子商取引固有の特徴を盛り込めるかどうかがポイントの問題であった。

問題の構成としては，**設問イ**でコントロールを述べ，**設問ウ**で監査手続を述べるオーソドックスな構成なので，論文全体の構成は決めやすかったと思われる。

(2) 全体構成を組み立てる

設問アは，最初に電子商取引システムの概要を述べる必要があるが，これは多くの人が事前に準備をしていたと思われるので，内容について難しい点はなかったと思われる。次に，情報システムを運営する立場から重要と思われるリスクを述べる必要がある。これに関しては，問題文に以下のように機密性，完全性及び可用性について，それぞれに関連するリスク例が挙げられている。

①機密性

氏名，住所，クレジットカード番号などの個人情報が漏えいする。

②完全性

取引の申込み又は承諾のデータが消失したり，不正確な取引情報を記録したりするなど，契約成立又は取引に関わる判断根拠がなくなるおそれがある。

③可用性

一度に大量の注文が集中して情報システムがダウンするなどして，取引が妨げられて販売機会を逃すことによる損失が生じたり，損害賠償を請求されたりする可能性もある。

リスクはこれ以外にもいろいろ考えられるので，当該システムの特徴を踏まえて，書いていけばよい。

設問イは，情報システムにおいて実施すべきと考える機密性，完全性及び可用性を確保するためのそれぞれのコントロールを述べていく必要がある。この具体的なコントロールに関しては，問題文には具体的な記述がないので，自身の経験に基づいて書いていく必要がある。一般に，機密性，完全性及び可用性に関するコントロールとしては，以下のようなものがある。

求められる性質	コントロール
機密性	・システムの脆弱性の排除による不正アクセスの防止 ・オペレーティングシステム，ミドルウェアに対する最新パッチの適用 ・侵入検知システム（IDS），セキュリティソフトの導入
完全性	・一覧番号付番による処理漏れの防止及び発見 ・システム障害時の適切なリカバリー処理 ・バックアップデータの保管によるデータ喪失の防止 ・厳密なテストによる誤処理の防止
可用性	・障害時のバックアップの仕組みの確立 ・性能テストの実施による処理性能の確保の確認 ・24時間稼働体制の確立

設問ウは，**設問イ**で述べたコントロールの適切性を監査するための監査手続について述べる必要がある。問題文には，どのような観点から監査を行うべきかについては，一切記述がないので，自分で観点を考えていく必要がある。また，設問に「監査証拠及び確かめるべきポイントを踏まえて」という指定があるので，必ず監査証拠及び監査ポイントを明確にして書くことが必要である。監査手続の具体的な内容については，**設問イ**で述べたコントロールが適切に機能していることを確認するための方法を述べていけばよい。その際に，何を確かめたいのか，どのような証拠を確かめれば適切性が確認できるかを考えて書くことが重要である。

●論文設計テンプレート

1. 電子商取引システムの概要と運営する立場から重要と考えるリスク
   1.1 情報システムの概要
   - ハワイ産の装身具や衣類などを販売している会社
   - インターネット通販のサイトを2年前に立ち上げた

   1.2 運営する立場から重要と考えるリスク
   - 個人情報の漏えい
   - 取引データの喪失
   - システムが使えなくなるリスク

2. 機密性，完全性及び可用性を確保するためのコントロール
   2.1 機密性を確保するためのコントロール
   (1) 社内及び関係者からの漏えいに対するコントロール
   - 個人情報等にアクセスできる人間をできるだけ限定
   - 大量のデータのダウンロードは禁止

   (2) 第三者からの不正アクセスに対するコントロール
   - ソースコード診断をかけて，脆弱性が存在しないかどうかチェック
   - 侵入検知システムの導入

   2.2 完全性を確保するためのコントロール
   - トランザクション・リカバリーの仕組みをシステムに組み込む
   - バックアップデータからロールフォワード処理を行ってデータを再現

   2.3 可用性を確保するためのコントロール
   - クラスタ構成の採用

3. コントロールの適切性を監査する場合の監査手続
   3.1 機密性を確保するためのコントロールに対する監査手続
   (1) 社内及び関係者からの漏えいに対するコントロール
   - アクセス権限一覧表を見て，個人情報に対して必要のない人間に対し，アクセス権限が与えられていないことを確認
   - ダウンロード禁止ツールが本当に機能しているかどうかを確認

   (2) 第三者からの不正アクセスに対するコントロール
   - テスト実施記録を精査してすべてのモジュールに対してソースコード診断が行われていることを確認
   - 特定プログラムに脆弱性を埋め込み，そこを突いた不正アクセスを行い，それを侵入検知システムが検知していることを確認

3.2 完全性を確保するためのコントロールに対する監査手続

・プログラムに意図的に処理が中断されるようなバグを埋め込んで処理を行い，全ての更新が戻っていることを確認

・前日のバックアップデータに対して，当日のログからロールフォワード処理を行い，データベースの内容が一致していることを確認

3.3 可用性を確保するためのコントロールに対する監査手続

・1台のサーバがシステムダウンしても，残りのサーバで処理が続行できることを実際にサーバをダウンさせてみて確認

サンプル論文

1．電子商取引システムの概要と運営する立場から重要と考えるリスク

1．1　情報システムの概要

A社はハワイ産の装身具や衣類などを販売している会社である。実店舗も5店舗展開しているが，最近はハワイアン・ダンスを習っている人が増えて，全国から問い合わせが増えてきたので，ネット販売を強化することになり，インターネット通販のサイトを2年前に立ち上げた。サーバは本社に設置しており，その運用管理は本社のシステム担当者が行っている。

現在約1万人の人がユーザ登録をしてくれており，その中でも定期的に注文をくれる優良顧客の割合が，全体の40%と顧客ロイヤリティが高いのが特徴である。また，インターネットと実店舗の両方で買い物をしてくれる人が多いのも特徴である。

1．2　運営する立場から重要と考えるリスク

リスクを設問に沿って，機密性，完全性及び可用性に分けて記述

インターネット通販のシステムを運営する立場から一番注意しなければいけないのは，個人情報の漏えいである。クレジットカード番号や住所，電話番号などの情報を漏えいさせてしまうと，顧客に多大な迷惑をかけるだけでなく，会社の信用を損ない，会社の存続にも影響を与える事態も想定される。

次に考慮しないといけない重要なリスクは，取引データの喪失である。障害発生時の対応不備や外部からの不正アクセスなどにより，取引データが喪失してしまうと，取引に係る判断根拠がなくなり，請求ができなくなったり，顧客に商品が送られずに信用を失うことになってしまう。

もう一つ考慮しないといけないのが，システムダウン

などにより，システムが使えなくなるリスクである。顧 30
客が注文しようと思ったのにシステムが使えないと，せ
っかくのビジネスチャンスを逃してしまうことになる。

2．機密性，完全性及び可用性を確保するためのコント
ロール
2．1　機密性を確保するためのコントロール
　個人情報を中心とした情報漏えいを防ぐためのコント
ロールは，社内及び関係者からの漏えいに対するコント 5
ロールと，第三者からの不正アクセスに対するコントロ
ールの両方を考える必要がある。
（1）社内及び関係者からの漏えいに対するコントロー
ル
　社内及び関係者からの漏えいに対するコントロールと 10
しては，まず，個人情報等にアクセスできる人間をでき
るだけ限定することとした。クレジットカードなどの機
密度が一番高い情報に関しては，社内でも数人の責任者
及び担当者しかアクセスできないようにした。取引明細
などの情報は，顧客からの問合せに答える必要があるた 15
めに販売部門の人間には，読取りのアクセス権は与えざ
るを得ないが，大量のデータのダウンロードはダウンロ
ード禁止ツールを使用して，できない設定とした。
（2）第三者からの不正アクセスに対するコントロール
　システム完成時に，ソースコード診断をかけて，シス 20
テムに脆弱性が存在しないかどうかチェックすることと
した。これにより，システムの脆弱性を突かれて不正ア
クセスが発生する可能性を低減するようにした。
　また，侵入検知システム（IDS）を導入して，不正ア
クセスがあったら，すぐに検知して対応がとれるように 25
した。
2．2　完全性を確保するためのコントロール

設問アのリスクに合わせて，機密性，完全性及び可用性に分けて記述

障害時のデータ喪失を防ぐために，トランザクション・リカバリーの仕組みをシステムに組み込んである。具体的には，トランザクションが中断した場合にデータベースのコミットが行われていなければ，トランザクションが自動的にロールバックされる仕組みを導入した。また，システム障害により，ハードディスクデータが喪失した場合にも，データの完全性が保たれるように，バックアップデータからロールフォワード処理を行ってデータが再現できるようにした。 30 35

不正アクセスにより，データが改ざんや損壊され，完全性が損なわれるリスクに対するコントロールとしては，まず不正アクセスを防ぐコントロールが必要であるが，これに関しては，機密性を確保するためのコントロールと共通なので，既に述べている。また，不正アクセスにより，ハードディスクが損壊されるなどの被害が生じた場合には，システム障害と同様にバックアップデータからのロールフォワードによりデータの再現を図ることとした。 40 45

２．３　可用性を確保するためのコントロール

システム障害が発生した場合にも可用性を確保するために，本システムはクラスタ構成とし，１台のサーバが障害によりダウンした場合にも，残ったサーバがダウンしたサーバの負荷を分散して負担して，システムの稼働は続けられるようにした。 50

３．コントロールの適切性を監査する場合の監査手続

３．１　機密性を確保するためのコントロールに対する監査手続

設問イと構成を合わせて，コントロールと監査手続の対応をわかりやすくしている。

（1）社内及び関係者からの漏えいに対するコントロール 5

社内及び関係者からの漏えいに対するコントロールに

関して，確認しなくてはいけないポイントは，個人情報にアクセスできる人間が本当に限定されているかどうかである。そこでアクセス権限一覧表を見て，個人情報に対して必要のない人間に対し，アクセス権限が与えられていないことを確認した。また，担当を外れた人や退職した人の権限が削除されていることも同時に確認した。 10

また，大量のダウンロードの禁止は，ダウンロード禁止ツールを使用しているので，そのツールが本当に機能しているかどうかを確認するために，実際に個人情報のダウンロード処理を行ってみて，エラーになることを確認した。監査証拠としては，このオペレーション操作の画面コピーを保管した。 15

設問で問われている監査証拠を明示的に述べている。

（2）第三者からの不正アクセスに対するコントロール

システム完成時に本当にソースコード診断が行われていることを確認するために，テスト実施記録を精査してすべてのモジュールに対してソースコード診断が行われていることを確認した。 20

また，侵入検知システムが本当に機能しているかどうかを確認するために，わざと特定プログラムに脆弱性を埋め込み，そこを突いた不正アクセスを行い，それを侵入検知システムが検知していることを確認した。この監査証拠としては，この時の侵入検知ログを残すこととした。 25

３．２　完全性を確保するためのコントロールに対する監査手続 30

トランザクション中断時に本当に処理がロールバックされることを確認するために，プログラムに意図的に処理が中断されるようなバグを埋め込んで処理を行い，全ての更新が戻っていることをデータ照会して確認した。 35

また，ロールフォワード処理が確実に実施できることを確認するために，前日のバックアップデータに対して，当日のログからロールフォワード処理を行い，データベ

ースの内容が一致していることをＳＱＬで照合処理を行って確認した。この時の照合結果を監査証拠として残した。 40

３．３　可用性を確保するためのコントロールに対する監査手続

１台のサーバがシステムダウンしても，残りのサーバで処理が続行できることを実際にサーバをダウンさせてみて確認した。また，この際にトランザクション発生ツールを使用して，想定の最大トランザクション（１分に10件）を流しても，通常のレスポンス時間（２秒）で応答があることも確認した。これらのオペレーションログ及びトランザクションログを監査証拠として残した。

著者紹介

落合 和雄（おちあい かずお）

コンピュータメーカ，SIベンダでITコンサルティング等に従事後，1998年経営コンサルタントとして独立。経営計画立案，IT関係を中心に，コンサルティング・講演・執筆等，幅広い活動を展開中。特に，経営戦略及び情報戦略の立案支援，経営管理制度の仕組み構築などを得意とし，これらの活動のツールとしてナビゲーション経営という経営管理手法を提唱し，これに基づくコンサルティング活動を展開中である。また，高度情報処理技術者試験（システム監査，システムアナリスト，プロジェクトマネージャ等）対策講座で多くの合格者を輩出しており，わかりやすく，丁寧な解説で定評がある。即物的な解の求め方を教えるのではなく，思考プロセスを尊重し，応用力を育てる「考える講座」を得意とする。
情報処理技術者システム監査・特種，中小企業診断士，ITコーディネータ，PMP，税理士
著書に，『未来型オフィス構想』（同友館・共著），『ITエンジニアのための【法律】がわかる本』（翔泳社），『ITエンジニアのための【会計知識】がわかる本』（翔泳社），『実践ナビゲーション経営』（同友館）ほか，情報処理技術者試験関係の執筆多数。

装丁：金井 千夏

［ワイド版］情報処理教科書
システム監査技術者 平成27年度 午後 過去問題集

2016年　10月 1日　初 版　第1刷 発行（オンデマンド印刷版 ver.1.0）

著　　者　落合 和雄（おちあい かずお）
発 行 人　佐々木 幹夫
発 行 所　株式会社 翔泳社　（http://www.shoeisha.co.jp）
印刷・製本　大日本印刷株式会社

本書は『情報処理教科書 システム監査技術者 2015 ～ 2016 年版（ISBN978-4-7981-3849-7）』を底本として、その一部を抜出し作成しました。記載内容は底本発行時のものです。底本再現のためオンデマンド版としては不要な情報を含んでいる場合があります。また、底本と異なる表記・表現の場合があります。予めご了承ください。

本書へのお問い合わせについては、2ページに記載の内容をお読みください。

乱丁・落丁はお取り替えいたします。03-5362-3705 までご連絡ください。

ISBN978-4-7981-4991-2